孩子超喜欢看的
趣味科学馆

DINOSAUR
恐龙

李　涛　邢立达　韩雨江◎主编

吉林科学技术出版社

图书在版编目（CIP）数据

恐龙 / 李涛, 邢立达, 韩雨江主编. -- 长春 : 吉林科学技术出版社, 2024.7

（孩子超喜欢看的趣味科学馆 / 韩雨江主编）

ISBN 978-7-5744-1067-1

Ⅰ. ①恐… Ⅱ. ①邢… ②韩… Ⅲ. ①恐龙－儿童动物 Ⅳ. ①Q915.864-49

中国国家版本馆CIP数据核字(2024)第046724号

孩子超喜欢看的趣味科学馆　恐龙

HAIZI CHAO XIHUAN KAN DE QUWEI KEXUEGUAN　KONGLONG

主　　编　李　涛　邢立达　韩雨江
策 划 人　张晶昱
出 版 人　宛　霞
责任编辑　徐海韬
助理编辑　宿迪超　周　禹　郭劲松
制　　版　长春美印图文设计有限公司
封面设计　星客月客
幅面尺寸　167 mm × 235 mm
开　　本　16
字　　数　250千字
印　　张　5
印　　数　1-5 000册
版　　次　2024年7月第1版
印　　次　2024年7月第1次印刷

出　　版　吉林科学技术出版社
发　　行　吉林科学技术出版社
地　　址　长春市福祉大路5788号出版集团A座
邮　　编　130118
发行部电话/传真　0431-81629529　81629530　81629531
　　　　　　　　81629532　81629533　81629534
储运部电话　0431-86059116
编辑部电话　0431-81629380
印　　刷　吉林省创美堂印刷有限公司

书　　号　ISBN 978-7-5744-1067-1
定　　价　25.00元
如有印装质量问题　可寄出版社调换

恐龙科普站
恐龙展览厅
恐龙故事屋
恐龙电影院

扫码进入

目 录

月亮谷的小霸王：

始盗龙

1993年，始盗龙被发现于南美洲阿根廷西北部的一处荒芜之地——伊斯巨拉斯托盆地月亮谷。始盗龙的发现纯属偶然，当时考察队的一位成员在一堆废置路边的乱石块里发现了一个近乎完整的头骨化石，于是趁热打铁，对废石堆一带反复搜寻，最终这种从未见过的恐龙被发现了。始盗龙是地球上最早出现的恐龙之一，那时候，恐龙已经开始为日后统治地球做准备。

双料“吃货”

始盗龙的颌骨不像早期一些肉食性恐龙那样，上颌骨和前上颌骨之间有个裂口。与其他肉食性恐龙相似，其后面的牙齿像带槽的牛排刀一样，但是前面的牙齿却是树叶状，同植食性恐龙相似。这些特征表明，始盗龙很可能既吃植物，也吃肉。

始盗龙

拉丁文学名：Eoraptor

类：兽脚类

食性：杂食性

体重：10 千克

特征：前肢具有 5 指

生活区域：阿根廷

指爪的力道

始盗龙的前肢只有后肢长度的一半，每只爪子都有 5 指。其中最长的 3 根指爪被推测是用来捕捉猎物的。古生物学家推测第 4 指及第 5 指都太小，它们在捕猎的时候没有太大的用处。

黎明使者：

曙奔龙

1996年，阿根廷古生物学家里卡多·马丁内斯在阿根廷发现了一个接近完整的恐龙骨架化石，它就是黎明的奔跑者——曙奔龙。曙奔龙是兽脚类恐龙的一属，生活在距今2.32亿～2.29亿年的三叠纪晚期，模式种是墨菲曙奔龙。这个名字是授予墨菲努力工作的荣誉，因为他过去一直在化石产地工作并发现了曙奔龙，从而让人类更靠近恐龙的世界。

苗条的身体

曙奔龙是一种相当小的恐龙，从鼻子到尾端的长度仅为1.2米，这在庞大的恐龙家族中实在是太渺小了。但它们的躯干细长优美，让人觉得很精致、可爱。

曙奔龙

拉丁文学名： Eodromaeus
类： 兽脚类
食性： 肉食性
体重： 不详
特征： 躯干细长
生活区域： 阿根廷

快速的奔跑者

曙奔龙的胫骨长于股骨。虽然古生物学家不能确定它到底能跑多快，但估计它能以每小时30千米的速度奔跑，不愧于它“奔跑者”的称号。

可抓握的手掌

曙奔龙的两只手掌拥有抓握功能，结构与人类很像。这样独特的抓握能力可以帮助它们猎杀食物。

掠食者始祖：

埃雷拉龙

古生物学家在当地人埃雷拉的引导下于阿根廷圣胡安附近发现了一种恐龙化石。为了纪念埃雷拉的贡献，学者便以他的名字命名这种恐龙。埃雷拉龙是公认的世界上最古老的恐龙之一，它们处于恐龙还是很小型的时代。但是，这种中小型的掠食者已经在演化中崭露头角，并迅速崛起，日后统治地球达1.6亿年之久的各式各样的掠食者身上，都能看到埃雷拉龙的影子。

罕见的关节

埃雷拉龙的下颌有个灵活的关节，可以容许下颌骨前后移动，紧紧咬住嘴中的猎物。这种特征在其他恐龙中并不常见，但一些蜥蜴演化出了这种特征。

埃雷拉龙

拉丁文学名： Herrerasaurus

类： 兽脚类

食性： 肉食性

体重： 约 180 千克

特征： 牙齿如匕首一般

生活区域： 阿根廷

捉摸不定的猎手

2011 年，古生物学家通过对比埃雷拉龙、现生鸟类与爬行动物的巩膜环尺寸，认为埃雷拉龙可能属于无定时活跃性的动物，其觅食、运动等行为跟白天黑夜没有直接的关系。

神祇之龙：

太阳神龙

2004年到2006年，古生物学家在美国新墨西哥州的幽灵牧场挖掘出三叠纪晚期的兽脚类恐龙——太阳神龙。太阳神龙生活于距今2.15亿年前，它的发现非常重要，因为它显示了恐龙起源于盘古大陆的南部，并极快地扩散到整个盘古大陆。目前，已经发现了数具太阳神龙骨骼化石，为研究提供了充足的信息。

牛肉餐刀

太阳神龙的牙齿向下弯曲且生有小锯齿，就像是一把牛排刀。因此，太阳神龙一定是一种非常凶猛的食肉恐龙。

太阳神龙

拉丁文学名：Tawa
类：兽脚类
食性：肉食性
体重：不详
特征：体形小、敏捷
生活区域：美国新墨西哥州

S形脖子

和同期的兽脚类恐龙一样，太阳神龙也有着接近S形的脖子。这个特征延续到后期几乎所有兽脚类恐龙身上，使得掠食者脖子转动更加灵活，有利于捕猎。

顶级猎手：

理理恩龙

理理恩龙是腔骨龙超科的一属，生存于距今2.28亿年前。它们长得很像侏罗纪时期的双冠龙，有着长长的脖子和尾巴，后肢强壮有力，前肢却相当短小。理理恩龙是那个时代体形最大的掠食者之一，堪称当时的“顶级杀手”。理理恩龙一般生活在河畔的树林中，因为当时陆地上的其他地方都很贫瘠。

原始的特征

理理恩龙身上还显示了很多早期肉食性恐龙的特点，比如前肢上有5指，不过第4和第5指已退化缩小，后来的肉食性恐龙基本没有第4指、第5指了。

理理恩龙

拉丁文学名： Liliensternus

类： 兽脚类

食性： 肉食性

体重： 约 130 千克

特征： 尾巴长，前肢很短

生活区域： 德国

恐龙科普站
恐龙展览厅
恐龙故事屋
恐龙电影院
扫码进入

脆弱的脊冠

理理恩龙最特别的地方就是头顶那招摇的脊冠了，它由薄薄的骨头构成，可想会有多么不结实了。如果脊冠被攻击，可怜的理理恩龙也许就会因痛苦而放弃到嘴的食物。当然这对于猎物来说，就是逃跑的绝佳机会了！

并非鸟：

原 鸟

在三叠纪晚期，今美国得克萨斯州生活着一种比始祖鸟年代还要久远，和鸟类有相似骨骼特征的兽脚类恐龙，它就是原鸟。原鸟与鸟类有着千丝万缕的联系，但也有古生物学家表示它们具有虚骨龙类的特征。

长有羽毛

最初的研究者认为原鸟的前肢有羽茎瘤，这是一种可以让羽毛附着的构造，也据此认为原鸟具有羽毛。但是，随后的研究者并没有观察到原鸟拥有羽茎瘤或羽毛的迹象。

不是鸟的原鸟

原鸟是一种兽脚类恐龙，然而其学名看起来类似一种鸟的名字，而不会让人联想起恐龙，所以经常让人们误会原鸟的真正身份。

原鸟

拉丁文学名：Protoavis

类：兽脚类

食性：肉食性

体重：不详

特征：体形小

生活区域：美国得克萨斯州

夜幕寻觅

原鸟与鸟类类似，长着圆圆的眼睛。眼睛位于头骨的前端，显示它们可以在黄昏或夜间行动，有点儿类似现在的猫头鹰。

魔鬼的化身：

恶魔龙

三叠纪晚期的南美洲阿根廷，生活着一种让人闻名就毛骨悚然的恐龙——恶魔龙！恶魔龙的化石罕见稀少，现时已知的只有一件恶魔龙化石。恶魔龙是一种中等大小的兽脚类恐龙，其脑袋硕大，长约45厘米，口中密布利齿，非常凶猛。它最醒目的特征是头上有一对脊冠，而且前上颌骨与上颌骨之间有一个小型的间隙。这些特征在早期的双脊龙类中都有体现，作用可能是便于从缝隙中抓到小动物，有学者甚至宣称这是一个适合抓鱼的特征。

坚实的后爪

从图中我们可以看到，恶魔龙的后爪非常坚实，即便飞快地在陆地上奔跑也很平稳。如果远远望去，可能只会看到飞扬的尘土吧。

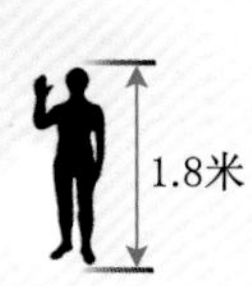

恶魔龙

拉丁文学名： Zupaysaurus

类： 兽脚类

食性： 肉食性

体重： 约 250 千克

特征： 头上有脊冠

生活区域： 阿根廷

被充分利用的前肢

恶魔龙像其他兽脚类恐龙一样用后腿走路。它们的前肢细长，能够用来抓猎物，而不像暴龙那样前肢短小，没有什么实际的用途。

符腾堡小刺客：

原美颌龙

原美颌龙是一种小型的兽脚类恐龙，生活在三叠纪晚期的德国。它早在1913年就被命名，不过化石保存得很差，使其难以被准确分类。当然，其不完整的头部和后半身还是明确地表明原美颌龙属于肉食性的兽脚类恐龙。最初研究者认为它与美颌龙非常相似，是后者的祖先，早于美颌龙约5 000万年。不过，之后的研究并不支持这两种恐龙之间的直接关联，原美颌龙目前被归于腔骨龙类中。

“指挥棒”尾巴

原美颌龙有一条坚挺的尾巴。它就像音乐家的指挥棒指挥音乐会的整体演奏一样，引领着原美颌龙的整个身体，让原美颌龙快速平稳地奔跑活动、捕食猎物、躲避敌人和灾难。

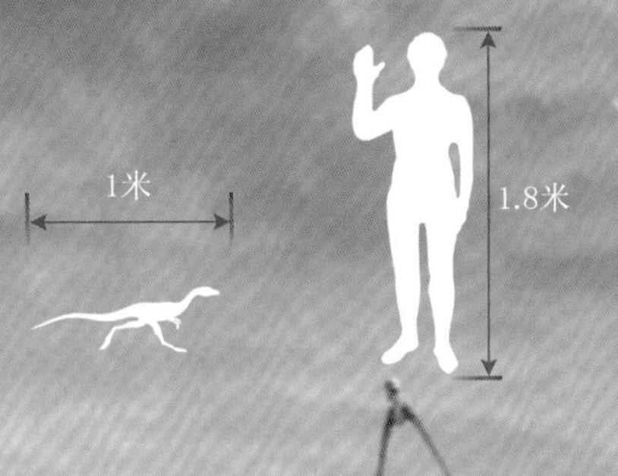

原美颌龙

拉丁文学名： Procompsognathus
类： 兽脚类
食性： 肉食性
体重： 不详
特征： 体形小，嘴长
生活区域： 德国

大型爪

原美颌龙四肢虽然前短后长，但长着与它可爱体形不符的锋利大爪，为它捕食昆虫、蜥蜴或其他小型动物提供了很好的武器装备。

致命的小牙齿

原美颌龙的牙齿很小，整齐地排列在它细长的嘴巴里。不要看原美颌龙的牙齿那么细小，一旦咬住猎物，是绝对不会松开的，直至猎物丧命。

雷龙的“变奏曲”：

雷前龙

雷前龙是已知最古老的蜥脚类恐龙之一，生存于三叠纪晚期的非洲南部。当时的地球，陆地都聚合在一起，恐龙可以四处迁徙，自由扩散。作为四足行走的植食性恐龙，雷前龙要比它在中生代中晚期的亲戚们小一些，但体长也达到了8米，仍然是其生活环境中最大型的恐龙。有趣的是，雷前龙还保存了一些原始的适应性演化特征，比如其前肢还保存有抓握的能力，而非单纯支撑身体。

灵活的前肢

与其他早期生物相比，雷前龙的腕骨较宽厚，可以支撑重量，拇指灵活，能用手掌抓东西。在进化后期的蜥脚类恐龙中，前肢已丧失了这些功能，只能用以支撑身体而不能抓取东西。

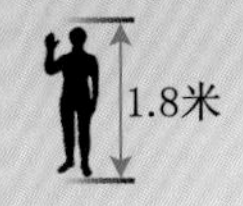

雷前龙

拉丁文学名： Antetonitrus
类： 蜥脚类
食性： 植食性
体重： 约1 500千克
特征： 体形庞大，四肢强壮
生活区域： 南非

钉状利爪

雷前龙的指（趾）部末端长有尖锐的钉状利爪，这些利爪能在它们行进中起到抓牢地面的作用，也能在遇敌时起到防御的作用。

来自巴西的大发现：

黑水龙

黑水龙属于蜥脚类，是已知最古老的恐龙之一。它的化石发现于1998年，化石点位于巴西东南部的一个地质公园中。与后期那些庞大的蜥脚类恐龙不同，黑水龙的体形较小，体长还不到3米。黑水龙的骨骼结构与欧洲的板龙非常相似，这意味着什么呢？这表明，在三叠纪的盘古大陆上，由于没有地理阻隔，恐龙动物群可自由地在盘古大陆上迁徙。因此，巴西和欧洲距离如此遥远，却有着相似的物种就不足为奇了。

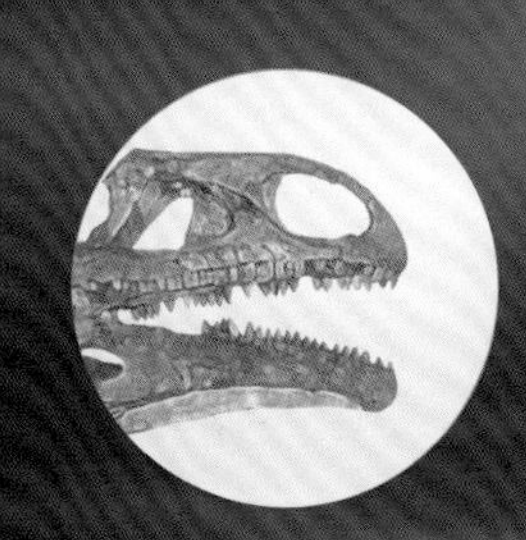

“菜刨”牙齿

黑水龙的牙齿边缘呈锯状，就像我们常用的菜刨一样。它们会充分利用这样的牙齿构造将蕨类从枝干上拽下来，再美美地享用。

灵活的手

黑水龙的前肢上长有5根手指，其中第5指极小，剩下4根指头的指尖尖锐，可帮助它们抓住树丛或者树干，更好地进食。

后肢站立

黑水龙的后肢可能要比前肢长且粗壮许多，表明黑水龙是用后肢站立的，所以会用后肢辅助身体去够高树上的树叶。

黑水龙

拉丁文学名： Unaysaurus

类： 蜥脚类

食性： 植食性

体重： 不详

特征： 后肢可站立

生活区域： 巴西

三叠纪陆地巡洋舰：

板 龙

板龙是当之无愧的恐龙明星，它是三叠纪最大的恐龙，也是三叠纪最大的陆生动物。板龙的化石发现于1834年，并在1837年被科学描述，所以它们也是最早被命名的恐龙之一。在分类上，板龙属于原蜥脚类。这类恐龙通常都成群活动，穿越三叠纪晚期那干旱的地区寻找新的食物来源。

板龙

拉丁文学名：Plateosaurus

类：蜥脚类

食性：植食性

体重：1 300 ～ 1 900 千克

特征：脖子长、尾巴长

生活区域：德国、瑞士、法国

密集的小牙

板龙嘴巴里的牙齿密密麻麻，前上颌骨上有 5 ～ 6 颗，上颌骨上有 24 ～ 30 颗，齿骨（下巴）上有 21 ～ 28 颗。这些小牙齿的边缘都有锯齿，齿冠则呈现叶状，使其适合吞食植物。

胃石的功效

板龙没有咀嚼用的颊齿，因而会吞下石子储存在胃里。然后通过胃的蠕动使得这些石头起到搅拌的作用，将吃进去的植物碾磨成糊状体。

西南龙军团：

云南龙

云南龙生活在侏罗纪早期，与著名的禄丰龙有着亲缘关系，是继发现禄丰龙之后又一重大发现。它们不仅都有一个庞大的身躯和既粗又壮的后肢，还共同居住在植被丰富的地方，享受着属于自己的世界。但是，危险无处不在。当它们长途迁徙到他乡，很容易就会成为食肉性恐龙的猎杀目标。云南龙几乎没有什么防御武器，所以以群居抵御敌人的侵袭，体现着“团结力量大”的道理。

头骨特写

云南龙长有一个很长的头骨，其上有一个三角形鼻孔；眼前孔小而短高；眼眶大而圆；下颌关节低于牙齿列面。此外，云南龙的上枕骨和顶骨之间还有一个未骨化的缝隙。

易磨损的牙齿

古生物学家们从云南龙的牙齿化石上发现了磨尖的现象，在原蜥脚类恐龙中可谓相当独特。它的牙齿呈筒状，边缘扁平，就像一个凿子。牙齿尖端会沿着一定的角度不断磨蚀，最终形成尖锐的咀嚼面。当然，如此构造可以协助云南龙更好地咀嚼植物，帮助其消化。

自由晃动的脖颈

云南龙的脖子非常灵活，因而其上的肌肉很发达。它们依靠长长的颈部吃到树梢嫩叶；同时也会驱逐一些小型昆虫，免得被它们不断骚扰。

云南龙

拉丁文学名： Yunnanosaurus

类： 原蜥脚类

食性： 植食性

体重： 约 230 千克

特征： 头骨很长

生活区域： 中国云南省

卡岩塔的恶魔：

双冠龙

一种体形巨大、头上顶着两片大大骨冠的恐龙，生活在距今约1.93亿年前的美国亚利桑那州。1942年发现的化石显示，双冠龙的嗜好如同秃鹰一般，喜欢吞食大型蜥脚类恐龙的死尸。早期有学者推断，双冠龙可以轻松地用双脊撑开死尸的皮肤，以便更好地进食。但是，后期的研究表明，这个假说实在太过于天马行空了。

灵活“取物”

双冠龙的鼻部前端柔软灵活而且特别狭窄，所以它可以将躲避在低矮的树丛中或石头缝里的小小蜥蜴们及其他小型动物衔出来吃掉。

头冠“争宠”

头冠作为一种装饰，其意义在于求偶，因为其脆弱性不适合打斗，所以在求偶的季节就成了双冠龙炫耀的工具。头冠较大者可以获得更大的领地，获得更多的交配权。

双冠龙

拉丁文学名： Dilophosaurus
类： 兽脚类
食性： 肉食性
体重： 约 400 千克
特征： 头顶有骨冠
生活区域： 美国亚利桑那州

似花蛇的尾巴

双冠龙的尾巴呈巧克力色，从尾根到尾尖分布着如奶油般的白圆圈。随着双冠龙的奔跑，其尾巴远远望去，就像一条粗壮的花蛇在空中翻滚。当然，如此奇特的外貌是由艺术家们想象出来的。

林间居民：

槽齿龙

槽齿龙生活在三叠纪晚期的英格兰地区，这是一种体形纤细的动物，长着小脑袋、长脖子和长尾巴。它可能大部分时间四肢着地，吃长在低处的植物，有时也用后腿站立起来，去吃长在高处的树叶。当时的英格兰地区气候温暖而干燥，槽齿龙所属的蜥脚类恐龙已经逐渐成了优势植食性动物，但它们仍然饱受劳氏鳄类的威胁。

行动敏捷

槽齿龙的后肢长于前肢，但相差并不悬殊。这显示这种恐龙可能更加倾向于四足行走，可以敏捷地穿行于古老的林地中。

槽齿龙

拉丁文学名： Thecodontosaurus
类： 蜥脚类
食性： 植食性
体重： 约 40 千克
特征： 头部较窄长
生活区域： 英格兰

爱吃植物的小家伙

作为一种植食性恐龙，槽齿龙的牙齿也有锯齿状边缘，齿冠呈叶状。与它们的亲戚们相比，槽齿龙的头部较长、较狭窄，牙齿也较多一些，这些差异可能是对食物适应性的演化造成的。

举步“地动山摇”：

鲸 龙

1841年人们通过几颗牙齿以及几块骨头宣布发现了鲸龙这个物种，1870年一个不完整的骨骼在英国被发现，终于让人们意识到鲸龙是多么庞大的动物。鲸龙是较早被发现的恐龙之一，人们惊叹于这种动物的庞大，所以就以海洋中最大生物鲸为其命名，意为“陆地上的鲸”。

不灵活的长脖子

鲸龙的身体与颈部等长，不灵活的颈部可能只能够在3米的弧形内进行活动，鲸龙只能低头喝水以及啃食蕨类叶片和小型的多叶树木。

中空脊骨

鲸龙的椎体有很多中空的腔室，这能帮助鲸龙减轻很多负担，更好地行走在侏罗纪的世界里。

鲸龙
拉丁文学名：Cetiosaurus
类：蜥脚类
食性：植食性
体重：约 11 000 千克
特征：尾部长，颈部稍短
生活区域：英国、摩洛哥
16米
1.8米

彩云之南的大家伙：

川街龙

丛林之中，一只肉食性恐龙在川街龙的周围蠢蠢欲动。由于川街龙正在寻找新鲜的树叶而放松了警惕，因为川街龙巨大的身形，肉食性恐龙并不敢靠前，只能在观望一阵后悻悻离去。沧海桑田，日月更迭，曾经令肉食性恐龙都望而生畏的川街龙，如今变成了中国云南省的十余具珍贵的化石。

结实的“柱子”

虽然川街龙的前肢短于后肢，但粗壮的四肢也可以有效地支撑巨大的身体。川街龙胫骨短于股骨，距骨与跟骨不愈合，前后足的第 1 趾的末爪皆很发达，第 5 趾已经退化。

长脖子的秘密

长脖子可以让川街龙节省更多的体力达到最大的觅食范围。即使川街龙的身体不动，川街龙环绕在颈骨周围的肌肉、肌腱和韧带也可以使其进行有效的活动，使效率最大化。

千年盐都的精灵：

盐都龙

作为“千年盐都”的自贡，在1973年，出土了一具恐龙化石。这种小型的鸟脚类恐龙生活在侏罗纪中期，常常以群居的形式在湖岸平原栖息。盐都龙的体形较小，经常会受到大型恐龙的侵扰。所以盐都龙会以自己的奔跑优势来甩开天敌。故而也有人称盐都龙为恐龙家族中的“羚羊”。

双目的延展

古生物学家根据颧骨弯曲的程度，复原出盐都龙大而圆的眼睛。研究也显示出盐都龙拥有敏锐的视觉，使其能够在捕猎者横行的远古时代拥有开阔的视野，保证自身的安全。

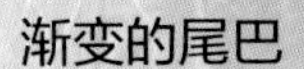

渐变的尾巴

盐都龙的尾巴长度约有整个身长的一半，颜色从臀部延伸到尾尖逐渐变浅，上面附有巧克力色的条纹。当然，这只是艺术家的想象而已。

奔跑一族

通过动物的胫骨与股骨的长度比可以测算出动物的运动速度。研究表明，速度快的动物往往都是胫骨较长。而对于盐都龙来说，其胫骨与股骨的比值高达 1.18，这样长的胫骨非常有利于奔跑。

3米

1.8米

盐都龙

拉丁文学名： Yandusaurus

类： 鸟脚类

食性： 杂食性

体重： 约 140 千克

特征： 头部小，眼睛大而圆

生活区域： 中国四川省

最奇特的背部：

剑　龙

1877年，一件恐龙化石的发现成了新闻关注的焦点，人们的眼光纷纷投向这个侏罗纪晚期典型的植食性恐龙——剑龙的身上。对于剑龙来说，侏罗纪晚期的"世道"并不太平，恐龙群雄纷纷崛起，肉食性恐龙高手云集。在这个危机四伏的恐龙世界中，稍不留神就会命送它口。但是作为一种植食性恐龙，剑龙有着一套自身的防御体系，就是骨板和尾刺。这样，当肉食性恐龙前来进犯之时，剑龙就不用坐以待毙，反而可以与敌人大战一番。

剑龙

拉丁文学名：Stegosaurus

类：剑龙类

食性：植食性

体重：3 500 ~ 3 800 千克

特征：背部有骨板，尾部有尖刺

生活区域：美国

咬合的局限性

2010 年一项剑龙咬合研究发现，剑龙不同位置的咬合力分别为：颌部前段 140.1 牛顿，中段 183.7 牛顿，后段 275 牛顿。这显示作为植食类的剑龙可以咬断柔软的植物，但直径超过 12 厘米的植物，剑龙还是很难对付的。

图案的威力

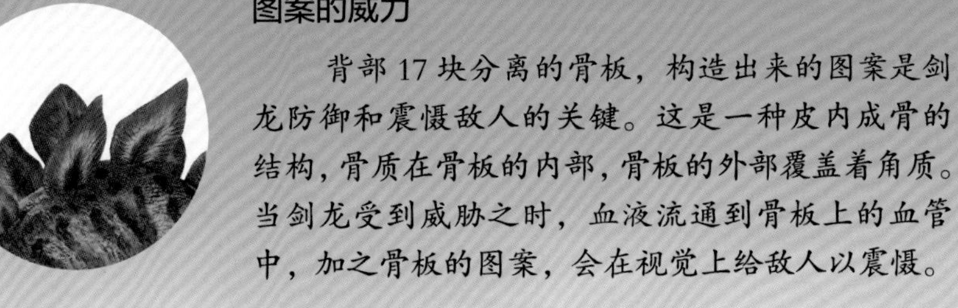

背部 17 块分离的骨板，构造出来的图案是剑龙防御和震慑敌人的关键。这是一种皮内成骨的结构，骨质在骨板的内部，骨板的外部覆盖着角质。当剑龙受到威胁之时，血液流通到骨板上的血管中，加之骨板的图案，会在视觉上给敌人以震慑。

硬挺的背部：

弯 龙

在侏罗纪晚期，生活着一种与著名的禽龙极其相似的植食性恐龙。它们拥有巨大的身体，常常一起行走在茂密的丛林间。它们，便是禽龙的近亲——弯龙。弯龙是禽龙家族中最原始的一种。由于身体笨重，行动缓慢，所以弯龙的大部分时间都是四肢着地的。

5指的划分

弯龙的前肢长有5指，但只有前3根有指爪，且拇指的最后1节呈现特殊的马刺状结构。此外，弯龙的指间没有相连的肉垫，腕骨也相互固定着，因此手部很结实，可以帮助弯龙更好地支撑身体的重量。

牙齿之间的“磨合”

弯龙的嘴类似现生鹦鹉的嘴，其内的叶状牙齿分布在嘴部后段。它灵活的颌部关节可促使颊部前后移动，由此就会让上下颊齿做出类似研磨的动作，助其咀嚼苏铁类植物。

弯龙

拉丁文学名： Camptosaurus

类： 鸟脚类

食性： 植食性

体重： 约 500 千克

特征： 眼睑骨横突

生活区域： 美国犹他州及怀俄明州

中国明星恐龙：

马门溪龙

侏罗纪晚期的中国，是一片广袤的森林。一大群长着极长脖子的蜥脚类恐龙，正在这片大地上悠然地生活着，它们就是马门溪龙。古生物学家得出结论：马门溪龙的脖颈长度是迄今为止世界上所有动物中最长的。自1954年被发现以来，马门溪龙很快以亚洲最大、最完整的恐龙化石震惊了世界。

拉丁文学名： Mamenchisaurus
类： 蜥脚类
食性： 植食性
体重： 5 000 ~ 75 000 千克
特征： 脖子长
生活区域： 中国四川省

15～35米（图中约为15米）

1.8米

活动的力度

颈椎上长长的颈肋使得马门溪龙脖子的活动范围缩小，由于颈肋的紧紧包裹，导致如果马门溪龙高昂起头，那么颈肋就会刺穿皮肤等软组织，给这只大恐龙造成重创。

拥有尾锤

相对其长长的脖子而言，马门溪龙的尾巴要短得多，但其尾巴末端很可能有一个尾锤，这可是防御利器。

尖角追踪者:

角鼻龙

掠食者都有什么特征？大头、粗腰、前肢短小、嘴中布满尖利且弯曲的牙齿。角鼻龙的特征与这些完全符合，它的独特之处是它的头部有小的脊冠。角鼻龙的身材略小，生活在侏罗纪晚期。在这个有异特龙、蛮龙、迷惑龙、剑龙以及梁龙生存的时代，角鼻龙以自身的优势抢占了一席之地，成为了那个时代最可怕的杀手之一。

致命利器

角鼻龙的利齿如刀，其每块前上颌骨上都有3颗牙齿，上颌骨上有12颗至15颗牙齿，每块齿骨上则有11颗至15颗牙齿。

角鼻龙

拉丁文学名：Ceratosaurus

类：兽脚类

食性：肉食性

体重：600 ～ 700 千克

特征：鼻端有尖角

生活区域：葡萄牙、美国犹他州

鳞甲装备

背上的小型鳞片是角鼻龙防御和进攻的武器。这些鳞片坚硬无比，不仅可以更好地保护背脊，还可以在纷杂的年代成为有力的进攻装备。

超大号“巡洋舰”：

超　龙

超龙在恐龙中来说可谓是“巨中之巨”，其庞大的体形已经把任何现生大型哺乳类远远抛在身后，用“以颈作桥，以身为室”来形容它也不足为过。超龙曾经被认为是恐龙家族中最为巨大的一员，但后来的阿根廷龙将这个位置取代了。

独有的尖刺

超龙的颈背部上密布着尖刺，不过，这样的尖刺其实并没有什么太大的用处，因为对掠食者而言，超龙最可怕的地方是它极其庞大的体形。

觅食的限制

梁龙科的恐龙脖子都很长，根据最近的电脑模拟，它们可能无法像其他蜥脚类恐龙一样高举它们的颈部，而是在较低的区域用颈部横向觅食。不过，这个说法还有争议。

超龙

拉丁文学名：Supersaurus

类：蜥脚类

食性：植食性

体重：约 35 000 千克

特征：身躯极长

生活区域：美国科罗拉多州

龙龙有分量：

重　龙

重龙是一种大型的梁龙科恐龙，个头丝毫不逊色于其亲戚们。它们怡然自得地生活在侏罗纪晚期。那时气候温暖，大量的植物借由雨水疯狂地生长着，为植食性的重龙提供了丰富的食物来源。这群恐龙也就渐渐地控制不住自身的体重了，成为“重量级”家族中的一员。

弯刀自卫

重龙的前脚内趾上长着大而弯的爪，是它们用来自卫的武器。接触地面的是重龙的脚趾，而不是脚掌。

重龙

拉丁文学名： Barosaurus

类： 蜥脚类

食性： 植食性

体重： 约 12 000 千克

特征： 颈部长，尾巴长

生活区域： 美国南达科他州

纤细鞭尾

重龙尾椎下侧的脉弧呈双叉状，有明显的前骨突，与梁龙类似。重龙的尾巴可能呈鞭状，但比梁龙的短，也更为纤细，是抽打敌人的利器。

羽翼的化身：

长羽盗龙

很多恐龙都已经有羽毛了，那距离飞行还会远吗？2014年古生物界发生了一件大事，一种新属有羽恐龙在辽宁省出现了。这只恐龙是迄今为止所发现的体形最大的四翼恐龙——长羽盗龙。长羽盗龙的特色尾羽会帮助它轻巧地降落。

中空“脆骨”

透过长羽盗龙娇小的身体，我们能够看见它中空的骨骼，内部全无次生加厚结构，骨壁只有约1毫米厚，相当于10张纸的厚度，可以很好地减轻体重。

长羽盗龙

拉丁文学名： Changyuraptor
类： 兽脚类
食性： 肉食性
体重： 约 4 千克
特征： 羽翼长
生活区域： 中国辽宁省

丰满的腿部

长羽盗龙的双腿生有长长的羽毛，丰满之余也令其看上去像一对翅膀，古生物学家起名为“后翅”。

长尾显神通

结合空气动力学的知识，我们得知长羽盗龙的尾羽会令它获得额外升力从而助它飞行，而低长宽比会减小升阻比。所以这条长长的尾巴能辅助长羽盗龙迅速“刹车”和稳定降落。

四翼“滑翔机”：

小盗龙

二十世纪三四十年代，在古生物界出现了一种假说，即鸟类的进化过程中有一个四翼阶段，可惜一直没找到相关的化石来证明，直到小盗龙的出现。这只奇特的恐龙生存在距今约1.2亿年前，是目前已知的最小恐龙之一。

长尾控方向

小盗龙虽然长得小，但尾巴可是很长的，尾椎的发达骨化肌腱也令尾巴在水平方向上具有高度灵活性，那些翩翩的尾羽也可协助控制方向。

后翼的用途

小盗龙后翼的用途众说纷纭，有学者认为它能在日常滑翔中起到辅助的作用，也有学者认为它主要用在体温调节或展示上。

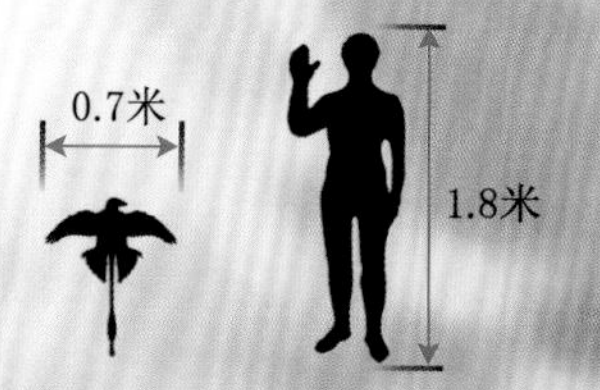

小盗龙

拉丁文学名： Microraptor
类： 兽脚类
食性： 肉食性
体重： 约 0.6 千克
特征： 前后肢共有两对翅膀
生活区域： 中国辽宁省

猎杀的辅助帮手

小盗龙的每根长羽前缘都窄于后缘，形成的流线型构造能减少空气阻力，令它更容易飞行。它腓骨上的羽柄（羽轴的半透明部分）垂直于背部，在捕猎时可以降低速度，起到刹车的作用。

温驯的长尾朋友：

腱龙

腱龙生活在白垩纪早期的北美洲大陆上，是与恐爪龙化石一起被发现的。从化石状态来看，应该是单独一只腱龙遭到几只恐爪龙围攻，这也是腱龙古老漫长生活的一个剪影。腱龙是很温驯的禽龙科恐龙，喜爱群居生活。它们之所以能在“群龙逐陆”的白垩纪存活下来，靠的就是自卫能力。因而，当腱龙与恐爪龙面对面相遇时，成为胜者也是有可能的。

健美的腿

腱龙的前后腿都很纤细，且前腿短于后腿。因此可以推断出腱龙比较善于奔跑，尤其是幼年的时候。

多功能的“第三条腿”

腱龙有一条令人印象深刻的大尾巴，不仅能够用来自卫，还能像袋鼠的尾巴一样用来支撑身体，可谓是腱龙的“第三条腿”。当它想要摘取高处的树叶时，就会依靠强健的后肢和身后粗壮的尾巴轻而易举地抬高上半身。

腱龙

拉丁文学名： Tenontosaurus

类： 鸟脚类

食性： 植食性

体重： 1 000 ~ 2 000 千克

特征： 尾巴粗且长

生活区域： 北美洲

魔鬼城的剑客：

乌尔禾龙

在中国新疆有一处叫作“魔鬼城”的地方，终日被风沙侵袭。但是在距今约1亿年前，那里却是一处至美仙境。巨大的淡水湖泊如同娴静的女子一样，岸边长满了浓密茂盛的植物，而著名的乌尔禾龙，就世代在这里繁衍生息。乌尔禾龙是一类大型剑龙类恐龙，虽然很笨拙，但大自然却赋予它坚硬的骨板和钉刺为其架构生存堡垒，令它拥有自己的生存之道。

变了形的骨板

从发现的化石来看，乌尔禾龙背部的平坦骨板呈半圆形，但其实这些骨板可能在保存中有过变形，真实的形状无法得知。

堪忧的“矛盾”

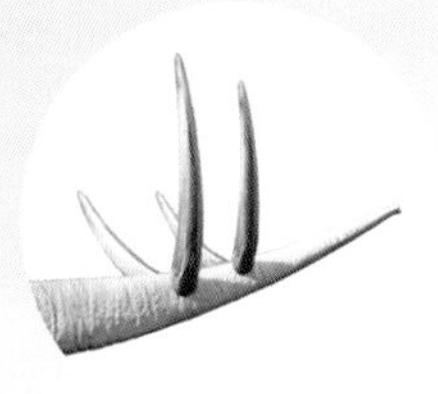

乌尔禾龙和其他剑龙类恐龙一样，尾巴长有四根似钉子的尖刺，可以无惧大型恐龙的侵袭。虽然这些尖刺很厉害，但一旦被折断就无法再生，因此它可要时刻保护好自己的武器。

乌尔禾龙

拉丁文学名： Wuerhosaurus

类： 剑龙类

食性： 植食性

体重： 1 200 ～ 4 000 千克

特征： 背部骨板较圆、较平坦

生活区域： 中国新疆

南方的终极杀手：

南方巨兽龙

在距今约9 700万年前的白垩纪晚期，有一种非常厉害的掠食者在陆地上出现了。它们健硕的前肢比暴龙还适合猎杀动物，大腿股骨比暴龙的还要大。它们就是体形巨大的陆地肉食性恐龙——南方巨兽龙。南方巨兽龙是侏罗纪异特龙的后代，却在自然选择中演化出更加庞大的体形。

惊人的速度

当南方巨兽龙奔跑时，古生物学家将其身体从摆动状态恢复到平衡状态时所用的时间，同股关节的运动和平衡的活动范围相比得出结论：南方巨兽龙的奔跑速度最高可达每秒 14 米。

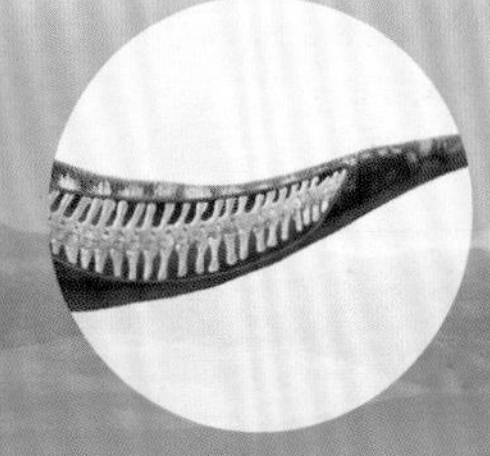

尾巴的功效

南方巨兽龙坚硬的骨骼和强壮的肌肉网络是支撑沉重身躯的保证，与此同时还会令它在捕食时有不俗的速度。长而尖的尾巴则赋予它迅速转向和击昏猎物的能力。

南方巨兽龙

拉丁文学名： Giganotosaurus

类： 兽脚类

食性： 肉食性

体重： 7 000 ~ 8 000 千克

特征： 头部大，下巴略呈方形

生活区域： 阿根廷

13～14米（图中约为13米）

沙漠里的“四不像”：

镰刀龙

距今约7 000万年前白垩纪晚期的戈壁沙漠，并不是如今的黄沙遍野、一片荒凉，而是生机勃勃、水草丰美的植物天堂。在那里，居住着一种植食性恐龙——镰刀龙，它的长相非常好玩儿，可以说是恐龙中的“四不像”。1948年，由来自苏联和蒙古国组成的挖掘团队发现了镰刀龙的化石，他们被其独特的大爪子所吸引，将其标本归入一种大型的龟类，直到1970年才改正过来。

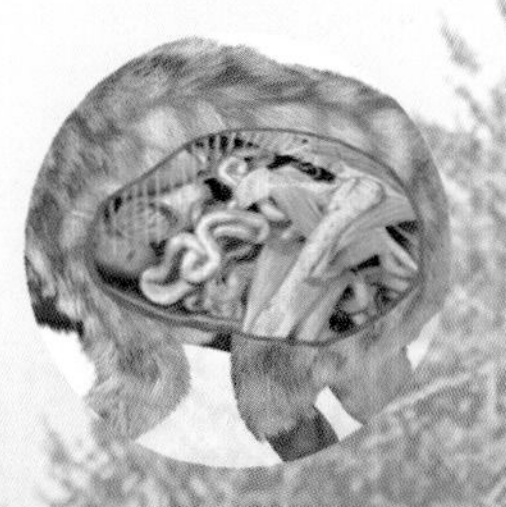

消化系统

镰刀龙的盆骨好似一个大篮子，因而腹部空间更大，可以容纳更多肠子，帮助进行食物的摄入、运转和消化，以及吸收营养和排泄废物等复杂的生理活动。

镰刀龙

拉丁文学名： Therizinosaurus

类： 兽脚类

食性： 不详

体重： 约 5 000 千克

特征： 前肢上有极长的指甲

生活区域： 中国、蒙古国

直立行走

有些学者认为镰刀龙的前后肢长度相近，所以可能像大猩猩那样走路。但是大多数的学者却支持镰刀龙不会用四肢行走的说法，因为那样的前肢不适合支撑身体，爪子也很碍事。

暴龙的亚洲兄弟：

特暴龙

在白垩纪晚期的东亚，潮湿的平原上，河道广布、水草丰美。在这样一个人间天堂里，却居住着一种人称“杀戮机器”的恐龙。它就是特暴龙——最大型的暴龙类恐龙之一。这只恐龙的化石被保存得很好，包括完整的头骨和脊椎骨等标本，可以帮助研究者详细了解暴龙类恐龙的种系关系和脑部构造等相关信息。

头部力学

特暴龙鼻骨和泪骨间没有骨质相连，但却有个大突起长在上颌骨后并嵌入泪骨，咬合力会经上颌骨直接到泪骨处。它的上颌很坚固，因为上颌骨与泪骨、额骨和前额骨牢牢固定着。

捕猎方法

特暴龙的头骨后段宽大，但前段窄小。此外，后段头骨显示特暴龙的眼睛无法直接朝前，因而不具有暴龙的立体视觉。其实，特暴龙是靠着嗅觉和听觉能力进行捕猎的。

特暴龙

拉丁文学名：Tarbosaurus

类：兽脚类

食性：肉食性

体重：约 4 000 千克

特征：前肢有两指，后肢粗壮

生活区域：蒙古国、中国

运动健将：

似鸡龙

在恐龙世界里，兽脚类恐龙可算是“名门望族”了，支系广布，子弟众多，而且基本都是凶残的食肉“杀手”。但每个家族总会有一两个“不合群”的，似鸡龙就是其中之一，它是杂食性恐龙，除了吃肉还吃浮游生物。似鸡龙活跃在距今约7 000万年前的白垩纪晚期，其化石于20世纪70年代初在蒙古国的沙漠中出现。

浓缩的智慧

似鸡龙的脑袋大小同庞大的体形相比可谓不值一提，但这只是表面现象。据研究者推测，似鸡龙头骨内可能有着发达的大脑，使似鸡龙聪慧异常。

疾速狂奔者

似鸡龙可谓是白垩纪的奔跑健将。短趾、长跖骨和长于股骨的胫骨，加上先天的强壮肌肉，令似鸡龙瞬间变身为一台“加速机器”。

似鸡龙

拉丁文学名：Gallimimus
类：兽脚类
食性：杂食性
体重：约 450 千克
特征：外形像鸡
生活区域：蒙古国

轻便的骨骼

别看似鸡龙体形很大，但它的体重却不大。似鸡龙身体的骨骼都是中空的，正是这种中空构造，使得它们能够飞奔竞走。

血腥暴戾的君王：

胜王龙

在距今约6 900万年前的印度半岛，森林、河流遍布，史前生活丰富多彩。玛君龙的近亲——胜王龙就生活在此。经研究发现，胜王龙与来自马达加斯加的玛君龙和南美洲的食肉牛龙有相似特征，表明起源于同一演化支系。其实，胜王龙生活的时代已经接近恐龙种族灭绝的时候，所以为学者研究恐龙消失之谜提供了更多线索，也许真相就在脚下。

直直的大尾巴

当胜王龙走在大地之上时，尾巴是不会碰到地面的，而是直挺挺地翘在身后，以平衡身体。另外，这条直直的大尾巴还是攻击挑战者的有力武器。

浑圆的顶饰

胜王龙头顶上有一个角状物，短小浑圆，就如同古代君王额头上或金、或银、或玉的佩戴物。它可以用来辨认同类，也可以威吓侵略者。

胜王龙

拉丁文学名： Rajasaurus
类： 兽脚类
食性： 肉食性
体重： 约 4 000 千克
特征： 头顶上长有浑圆角状物
生活区域： 印度

戴头盔的鸭嘴龙：

盔　龙

那是白垩纪晚期的一个傍晚，微风徐徐、草木摇曳，金色的夕阳铺满大地。突然，一声吼叫划破天际，紧接着，密林各处是四起的盔龙叫声，安宁不再。盔龙生活在距今约7 500万年前，是北美洲的一类大型恐龙。作为鸭嘴龙类恐龙的成员之一，盔龙族群间的不断鸣叫好似一次次的铜管乐演奏会，震撼着人心。

华美的头冠

脑袋上顶着“半只碟子”的就是盔龙了，那是它的空心骨质头冠。而幼年盔龙和雌性盔龙的头冠相较于雄性的都小，因为只有成年雄性盔龙的头冠才会完全长成，并且在繁殖期不断变换颜色来追求异性。

盔龙

拉丁文学名： Corythosaurus

类： 鸟脚类

食性： 植食性

体重： 2 500 ~ 2 800 千克

特征： 头顶上有半月形的冠

生活区域： 北美洲

不善于游泳

古生物学家一度认为自己在盔龙的手掌及脚掌上发现了蹼，进而认定这是一种善于游泳的恐龙。不过，后来学者发现这些蹼状物，其实是肉质残留，并不是蹼。

长有平板脊冠的怪兽：

短冠龙

短冠龙是一种中型恐龙，属于鸭嘴龙类。目前已发现几组骨骼的化石，出土于美国蒙大拿州及加拿大。短冠龙在白垩纪晚期四处走动，要想寻觅它只需找到头顶上有平板脊冠的恐龙就行了。它有一张扁平的嘴，咀嚼坚硬的植物对它来说根本不是问题。别看短冠龙体形较大，但缺乏厉害的武器，所以防御力较低是其生存的致命伤。

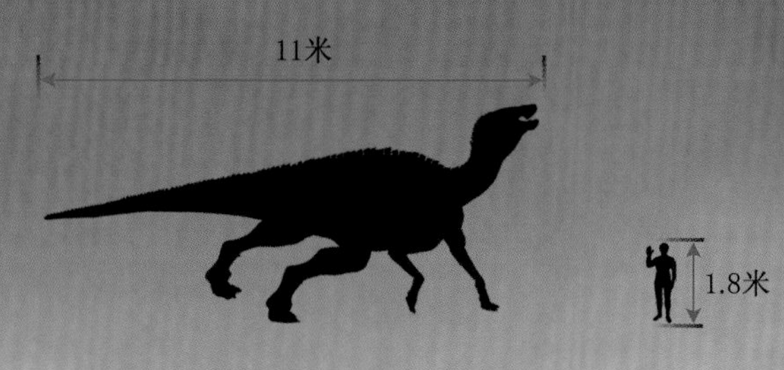

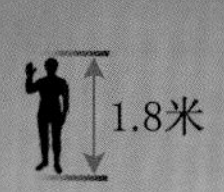

短冠龙

拉丁文学名： Brachylophosaurus
类： 鸟脚类
食性： 植食性
体重： 约 7 000 千克
特征： 头骨上有平冠
生活区域： 美国、加拿大

豹纹之尾

短冠龙的尾巴粗壮，具备一定的战斗能力，上面还分布着类似豹纹的花纹，可见其时尚感也异常强烈。当然，恐龙的外表全都是形成于科学家的丰富想象。

奇异的背脊

短冠龙的背上布满了奇怪的突起，可能具有日常生活中展示物的作用，用来吸引异性。

河畔漫步者：

奇异龙

美国在白垩纪晚期是一片平原，虽然气候较干旱，却拥有丰富多样的植物类群。奇异龙就是这里最常见的植食性恐龙，经常出入溪流河道，或饮水、或嬉戏，来自加拿大的古动物学家戴尔·罗素就曾在一本书中将奇异龙比作现代的水豚和貘。奇异龙可能会死在河道中间或小溪附近，尸体会较易被掩埋，随着地质变迁最终以化石形态展现在世人面前。

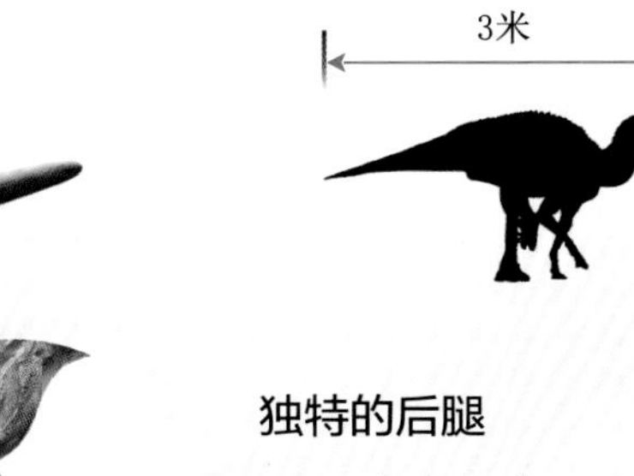

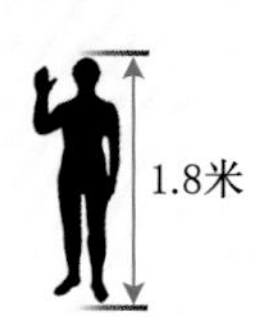

独特的后腿

奇异龙有独特的腿部构造，股骨长于胫骨。再加上较大的体形，它的速度可能比其他棱齿龙类恐龙要慢。

平坦骨板

研究者们在奇异龙的外肋骨发现了又大又薄的平骨板，推测也许会在奇异龙呼吸的时候发挥一定作用。

奇异龙

拉丁文学名： Thescelosaurus
类： 鸟脚类
食性： 植食性
体重： 约 90 千克
特征： 体形大
生活区域： 美国、加拿大

最有特色的颈盾：

华丽角龙

在白垩纪的晚期，北美洲被西部内陆海分成了两块大陆，并且出现了一次意义非凡的辐射演化。华丽角龙生活在西部内陆海道的南部，其分支向北迁徙，在北部形成了迷乱角龙。华丽角龙与其他恐龙最主要的不同就是“爱美”，它的脑袋上布满了很多四处延伸的装饰物，有将近15个角或似角组织，可以说是角龙类恐龙中最多的。

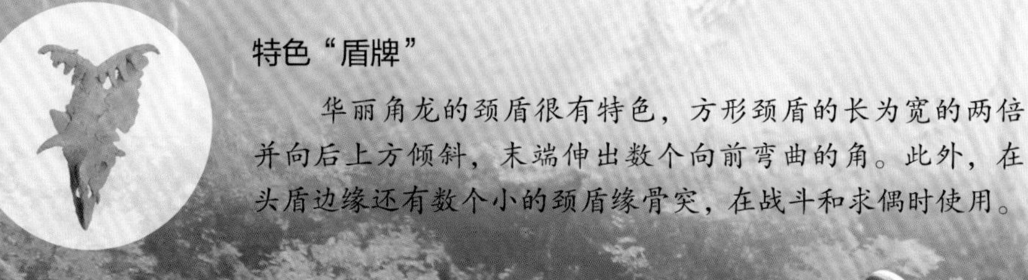

特色“盾牌”

华丽角龙的颈盾很有特色，方形颈盾的长为宽的两倍并向后上方倾斜，末端伸出数个向前弯曲的角。此外，在头盾边缘还有数个小的颈盾缘骨突，在战斗和求偶时使用。

华丽的角

华丽角龙头部两侧伸出的下弯的额角尖锐修长，与其他角龙类恐龙的不同，看看都会让人觉得不敢靠近。显而易见，这些角是用来自卫和战斗时使用的。

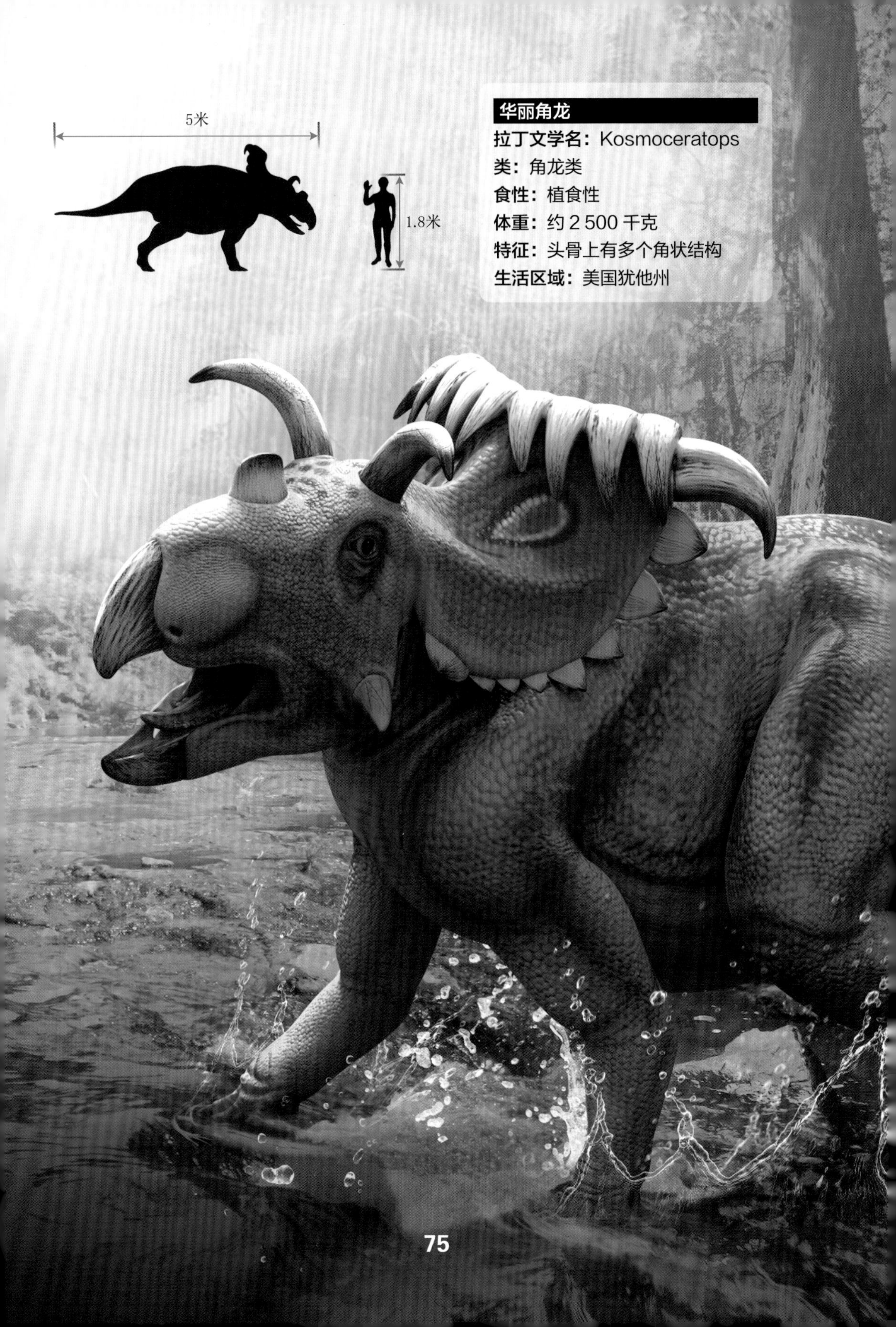
5米
1.8米
华丽角龙
拉丁文学名：Kosmoceratops
类：角龙类
食性：植食性
体重：约 2 500 千克
特征：头骨上有多个角状结构
生活区域：美国犹他州

疯狂的巨头：

野牛龙

在白垩纪时期的美国蒙大拿州上，你能看到平原、沙漠和湖泊等多种生态环境交错纵横，野牛龙就是在这样的环境下生活着。它的身高不高，鼻角大幅向前伸展，行动像犀牛一样缓慢。目前古生物学家已发现至少15件年龄不同的野牛龙化石，都放在蒙大拿州的一家博物馆内。

酷似鹦鹉的嘴

喙骨和前齿骨组成了野牛龙的喙状嘴，骨质结构表面或包裹着角质。锋利的喙状嘴会使野牛龙轻而易举地咬断坚硬的植被，可谓咬力惊人。

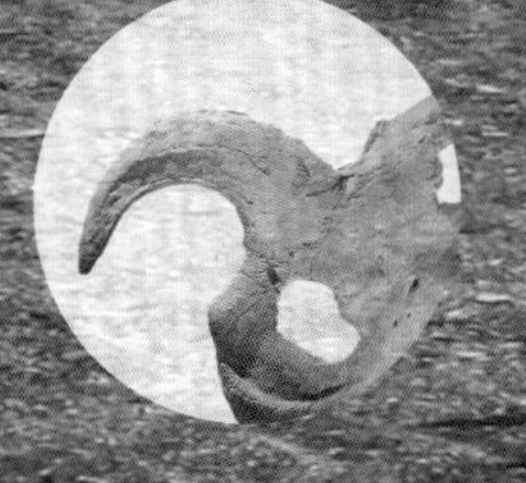

弯曲的鼻角

野牛龙的最大特征就是鼻孔上的鼻角，像一个开瓶器，前部尖锐，整个向下弯。试想一下野牛龙用这个鼻角刺穿其他恐龙的肚皮，也许不会使对方直接毙命，但也会令其在一段时间内丧失活动能力，等待死亡的降临。

野牛龙

拉丁文学名： Einiosaurus
类： 角龙类
食性： 植食性
体重： 约 1 300 千克
特征： 大幅向前弯的鼻角
生活区域： 美国蒙大拿州

携带流星锤的战士:

包头龙

在白垩纪晚期，一群新的甲龙类“战士”涌现出来，并迅速划出自己的领地，它们就是包头龙。满身的坚硬甲片和尖锐的骨棘令其防御能力大幅提升，在面对掠食者时可以更加从容。包头龙还是一项纪录的保持者，即“最完整的甲龙化石”。

大侠的“流星锤”

包头龙就像是一位深藏不露的大侠，武器则是呈双蛋形的、酷似“流星锤”的尾锤。它的尾巴上生有骨化肌腱，尾锤同尾端的尾椎紧密地结合起来，可以灵活摆动。

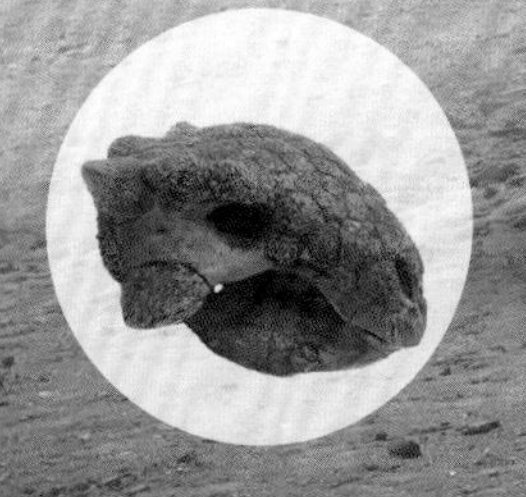

颠覆想象的进食方式

你能想到包头龙的进食方式吗？那是一种非常复杂的颌部运动，是凭借上下排牙齿互相牵拉摩擦形成的。整个运动过程所表现的是一种缩进活动。

5.5米
1.8米
包头龙
拉丁文学名：Euoplocephalus
类：甲龙类
食性：植食性
体重：约 2 500 千克
特征：尾端有尾锤
生活区域：美国、加拿大